1　積み木でお城づく

≪**準備しよう！**≫ カラーキューブを次のように，準備をしましょう。

あお … 1個	あか … 1個
みどり … 1個	きいろ … 1個

≪ステップ1≫ 左の図のように，並べたり，積み上げたりして，
　　　　　　お城を作りましょう。

≪ステップ2≫ 積み木を動かして，右の図のようになるようにしましょう。
　　　　　　（積み木の数が数えやすくなります。）

(1)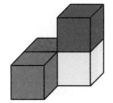

(2)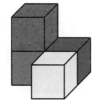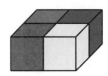

(3)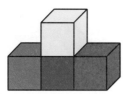

カラーキューブ（ブロック）をつかって　おしろをつくろう。
おしろは　いろいろな　かくどから　みて　けんきゅうして
みよう！

2 積み木でお城づくり

≪準備しよう！≫ カラーキューブを次のように，準備をしましょう。

あお … 1個	あか … 1個
みどり … 1個	きいろ … 1個

≪ステップ1≫ 左の図のように，並べたり，積み上げたりして，お城を作りましょう。

≪ステップ2≫ 積み木を動かして，右の図のようになるようにしましょう。
（積み木の数が数えやすくなります。）

(1)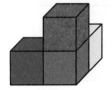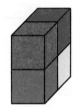

(2)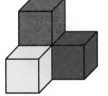

(3)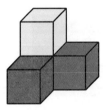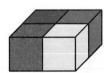

カラーキューブ（ブロック）をつかって　おしろをつくろう。
おしろは　いろいろな　かくどから　みて　けんきゅうして
みよう！

3 積み木でお城づくり

≪準備しよう！≫ カラーキューブを次のように，準備をしましょう。

あお … 1個　　　　あか … 2個

みどり … 2個　　　きいろ … 1個

≪ステップ1≫ 左の図のように，並べたり，積み上げたりして，お城を作りましょう。

≪ステップ2≫ 積み木を動かして，右の図のようになるようにしましょう。
（積み木の数が数えやすくなります。）

(1)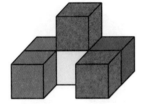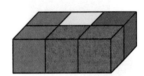

(2)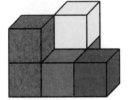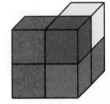

(3)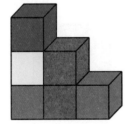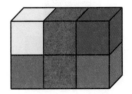

カラーキューブ（ブロック）をつかって　おしろをつくろう。
おしろは　いろいろな　かくどから　みて　けんきゅうして
みよう！

4 積み木でお城づくり

≪準備しよう！≫ カラーキューブを次のように，準備をしましょう。

あお … 2個　　　　　あか … 1個

みどり … 1個　　　　きいろ … 2個

≪ステップ1≫ 左の図のように，並べたり，積み上げたりして，お城を作りましょう。

≪ステップ2≫ 積み木を動かして，右の図のようになるようにしましょう。
（積み木の数が数えやすくなります。）

(1)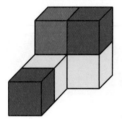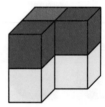

(2)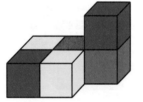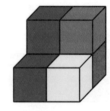

(3)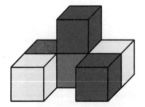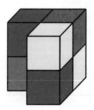

カラーキューブ（ブロック）をつかって　おしろをつくろう。
おしろは　いろいろな　かくどから　みて　けんきゅうして
みよう！

5 積み木でお城づくり

≪準備しよう！≫ カラーキューブを次のように，準備をしましょう。

あお … 2個　　　あか … 2個

みどり … 2個　　きいろ … 2個

≪ステップ1≫ 左の図のように，並べたり，積み上げたりして，
お城を作りましょう。

≪ステップ2≫ 積み木を動かして，右の図のようになるようにしましょう。
（積み木の数が数えやすくなります。）

(1)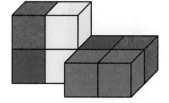

(2)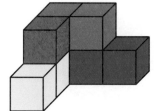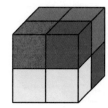

(3)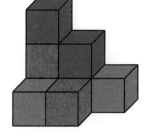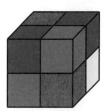

カラーキューブ（ブロック）をつかって　おしろをつくろう。
おしろは　いろいろな　かくどから　みて　けんきゅうして
みよう！

6 積み木でお城づくり

≪準備しよう！≫ カラーキューブを次のように，準備をしましょう。

あお … 2個	あか … 2個
みどり … 2個	きいろ … 2個

≪ステップ1≫ 左の図のように，並べたり，積み上げたりして，お城を作りましょう。

≪ステップ2≫ 積み木を動かして，右の図のようになるようにしましょう。（積み木の数が数えやすくなります。）

(1)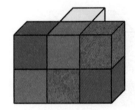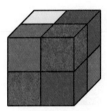

(2)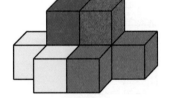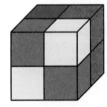

(3)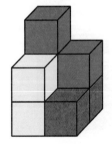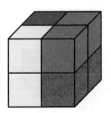

カラーキューブ（ブロック）をつかって　おしろをつくろう。おしろは　いろいろな　かくどから　みて　けんきゅうしてみよう！

7 積み木でお城づくり

≪準備しよう！≫ カラーキューブを次のように，準備をしましょう。

あお … 2個		あか … 2個	
みどり … 2個		きいろ … 3個	

≪ステップ1≫ 左の図のように，並べたり，積み上げたりして，
お城を作りましょう。

≪ステップ2≫ 積み木を動かして，右の図のようになるようにしましょう。
（積み木の数が数えやすくなります。）

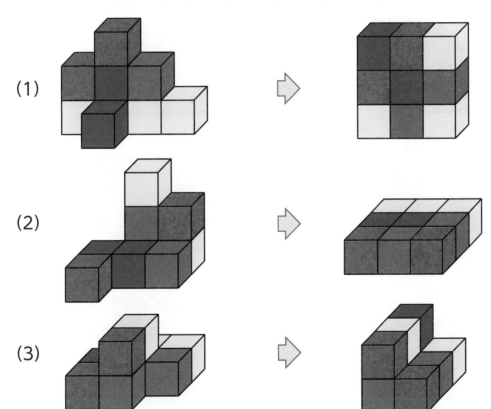

(1)

(2)

(3)

カラーキューブ（ブロック）をつかって おしろをつくろう。
おしろは いろいろな かくどから みて けんきゅうして
みよう！

8 積み木でお城づくり

≪**準備しよう！**≫ カラーキューブを次のように，準備をしましょう。

あお … 3個		あか … 2個
みどり … 2個		きいろ … 2個

≪ステップ1≫ 左の図のように，並べたり，積み上げたりして，お城を作りましょう。

≪ステップ2≫ 積み木を動かして，右の図のようになるようにしましょう。
（積み木の数が数えやすくなります。）

(1)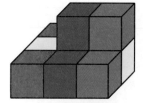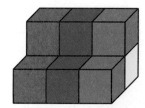

(2)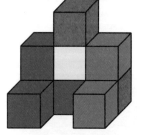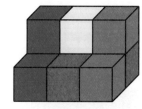

(3)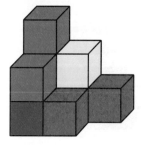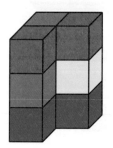

カラーキューブ（ブロック）をつかって　おしろをつくろう。
おしろは　いろいろな　かくどから　みて　けんきゅうして
みよう！

9 積み木でお城づくり

≪準備しよう！≫ カラーキューブを次のように，準備をしましょう。

あお … 3個	あか … 3個
みどり … 2個	きいろ … 2個

≪ステップ1≫ 左の図のように，並べたり，積み上げたりして，お城を作りましょう。

≪ステップ2≫ 積み木を動かして，右の図のようになるようにしましょう。
（積み木の数が数えやすくなります。）

(1)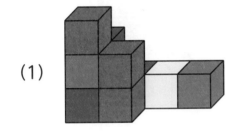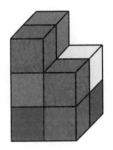

(2)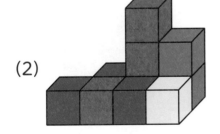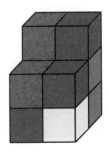

カラーキューブ（ブロック）をつかって　おしろをつくろう。
おしろは　いろいろな　かくどから　みて　けんきゅうして
みよう！

10 積み木でお城づくり

≪準備しよう！≫ カラーキューブを次のように，準備をしましょう。

あお … 2個	あか … 2個
みどり … 3個	きいろ … 3個

≪ステップ1≫ 左の図のように，並べたり，積み上げたりして，お城を作りましょう。

≪ステップ2≫ 積み木を動かして，右の図のようになるようにしましょう。
（積み木の数が数えやすくなります。）

(1)

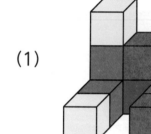 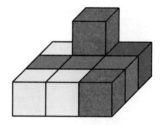

(2)

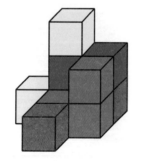 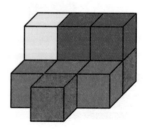

カラーキューブ（ブロック）をつかって　おしろをつくろう。
おしろは　いろいろな　かくどから　みて　けんきゅうして
みよう！

11 積み木でお城づくり

≪準備しよう！≫ カラーキューブを次のように，準備をしましょう。

あお … 2個	あか … 3個
みどり … 3個	きいろ … 2個

≪ステップ1≫ 左の図のように，並べたり，積み上げたりして，お城を作りましょう。

≪ステップ2≫ 積み木を動かして，右の図のようになるようにしましょう。（積み木の数が数えやすくなります。）

(1)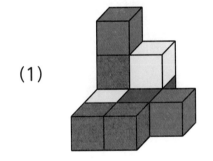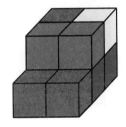

(2)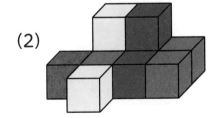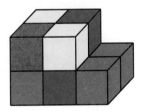

カラーキューブ（ブロック）をつかって　おしろをつくろう。おしろは　いろいろな　かくどから　みて　けんきゅうして　みよう！

12 積み木でお城づくり

≪準備しよう！≫ カラーキューブを次のように，準備をしましょう。

| あお … 3個 | あか … 2個 |
| みどり … 2個 | きいろ … 3個 |

≪ステップ1≫ 左の図のように，並べたり，積み上げたりして，お城を作りましょう。

≪ステップ2≫ 積み木を動かして，右の図のようになるようにしましょう。
（積み木の数が数えやすくなります。）

(1)
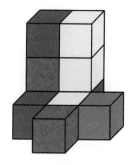 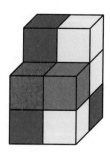

(2)
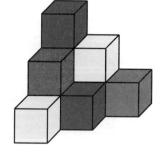 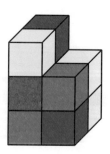

カラーキューブ（ブロック）をつかって　おしろをつくろう。
おしろは　いろいろな　かくどから　みて　けんきゅうして
みよう！

13 積み木でお城づくり

≪準備しよう！≫ カラーキューブを次のように，準備をしましょう。

あお … 3個	あか … 3個
みどり … 3個	きいろ … 3個

≪ステップ1≫ 左の図のように，並べたり，積み上げたりして，
お城を作りましょう。

≪ステップ2≫ 積み木を動かして，右の図のようになるようにしましょう。
（積み木の数が数えやすくなります。）

(1)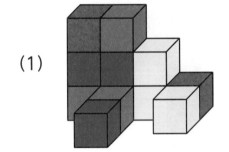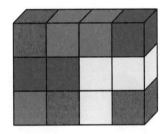

(2)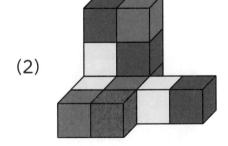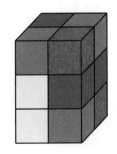

カラーキューブ（ブロック）をつかって　おしろをつくろう。
おしろは　いろいろな　かくどから　みて　けんきゅうして
みよう！

14 積み木でお城づくり

≪**準備しよう！**≫ カラーキューブを次のように，準備をしましょう。

あ お … 3個	あ か … 3個
みどり … 3個	きいろ … 3個

≪ステップ1≫ 左の図のように，並べたり，積み上げたりして，
お城を作りましょう。

≪ステップ2≫ 積み木を動かして，右の図のようになるようにしましょう。
（積み木の数が数えやすくなります。）

(1)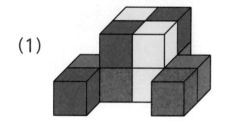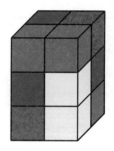

(2)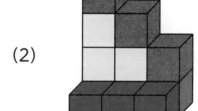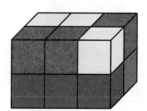

カラーキューブ（ブロック）をつかって　おしろをつくろう。
おしろは　いろいろな　かくどから　みて　けんきゅうして
みよう！

15 積み木でお城づくり

≪準備しよう！≫ カラーキューブを次のように，準備をしましょう。

あお … 3個	あか … 3個
みどり … 3個	きいろ … 3個

≪ステップ1≫ 左の図のように，並べたり，積み上げたりして，お城を作りましょう。

≪ステップ2≫ 積み木を動かして，右の図のようになるようにしましょう。（積み木の数が数えやすくなります。）

(1)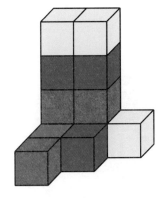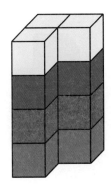

(2)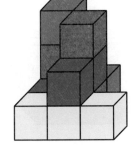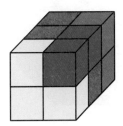

カラーキューブ（ブロック）をつかって　おしろをつくろう。
おしろは　いろいろな　かくどから　みて　けんきゅうして
みよう！

16 積み木でお城づくり

≪準備しよう！≫ カラーキューブを次のように，準備をしましょう。

| あお … 3個 | あか … 3個 |
| みどり … 3個 | きいろ … 3個 |

≪ステップ1≫ 左の図のように，並べたり，積み上げたりして，
お城を作りましょう。

≪ステップ2≫ 積み木を動かして，右の図のようになるようにしましょう。
（積み木の数が数えやすくなります。）

(1)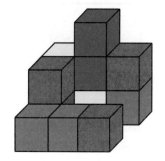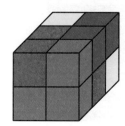

(2)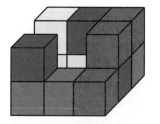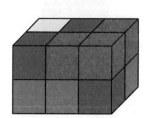

カラーキューブ（ブロック）をつかって　おしろをつくろう。
おしろは　いろいろな　かくどから　みて　けんきゅうして
みよう！

17 転写でパワーアップ！

≪トレーニング≫ 左のお手本の通りに，右の図へかきましょう。

(1)

(2)

(3)

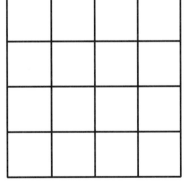

おなじものを　うつす　もんだいだけど　はやく　ていねいに
かけるように　なんども　れんしゅうしよう！

18 点描写でパワーアップ！

≪トレーニング≫ 左のお手本の通りに，右の図へかきましょう。

(1)

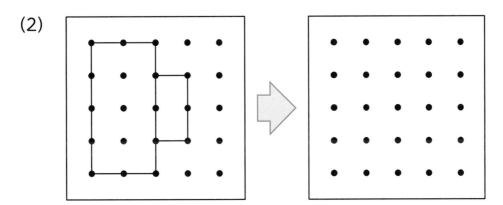

(2)

(3)

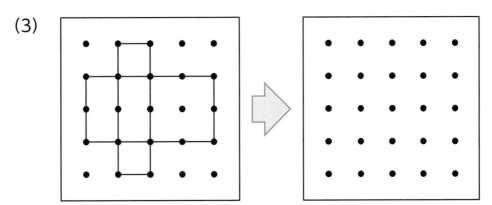

おなじものを　うつす　もんだいだけど　はやく　ていねいに
かけるように　なんども　れんしゅうしよう！

19 積み木

≪トレーニング≫ 次の積み木の数を数えましょう。

(1)

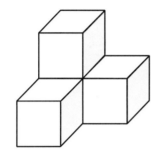

☐ 個

(2)

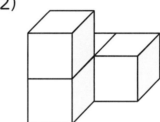

☐ 個

(3)

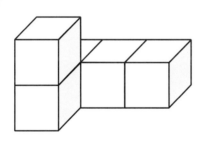

☐ 個

(4)

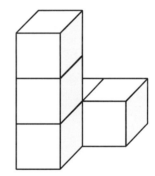

☐ 個

つみきは ぜんぶで いくつ あるかな？ むずかしい ときや
わからない ときは カラーキューブ（ブロック）をつかって
おしろを つくって かんがえてみよう！

20 折り紙折り切り

≪準備しよう！≫ 下の紙切り用折り紙をはさみで切って準備しましょう。
（別の折り紙を使っても）

≪ステップ1≫ 折り紙を折って，斜線部分を切りましょう。

≪ステップ2≫ 切った後，もとの形に戻して，
形を解答欄にかいてみましょう。

(1)
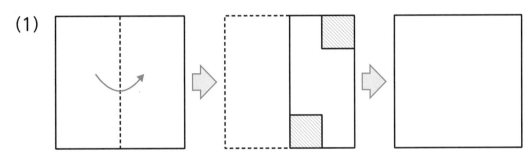

(2)
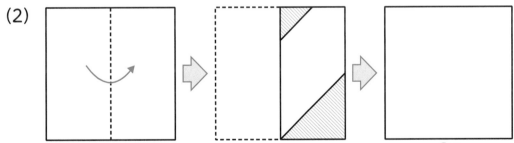

あたまの　なかだけで　かんがえると　かしこくなるよ！
そして　おりがみを　つかって　かくにんしてみよう！

21 さいころを転がそう

≪準備しよう！≫ 下のさいころをはさみで切って準備しましょう。

≪ステップ1≫ 図のような向きに合わせて，さいころをおきましょう。

≪ステップ2≫ さいころが斜線の位置にくるように，転がしてみましょう。

≪ステップ3≫ 斜線の位置にきたときに，上にある面の数字を答えましょう。

(1)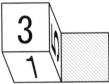

(2)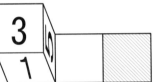

(3)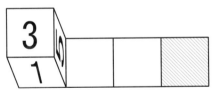

あたまの　なかだけで　さいころが　うごくように　さくせんを　かんがえよう！　むずかしい　もんだいを　かんがえると　かしこくなるよ！

22 転写でパワーアップ！

≪トレーニング≫ 左のお手本の通りに，右の図へかきましょう。

(1)

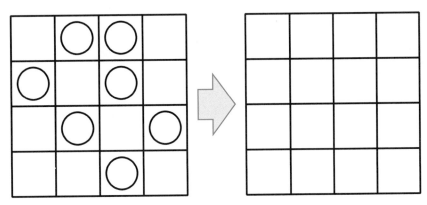

(2)

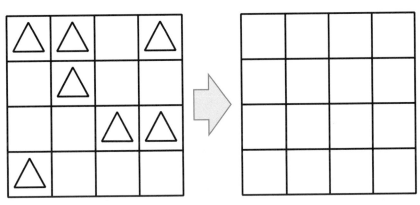

(3)

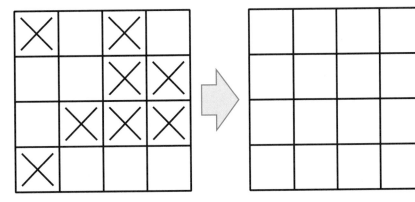

おなじものを　うつす　もんだいだけど　はやく　ていねいに
かけるように　なんども　れんしゅうしよう！

23 点描写でパワーアップ！

≪トレーニング≫ 左のお手本の通りに，右の図へかきましょう。

(1)

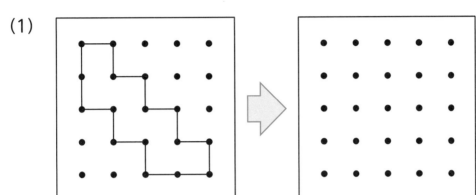

(2)

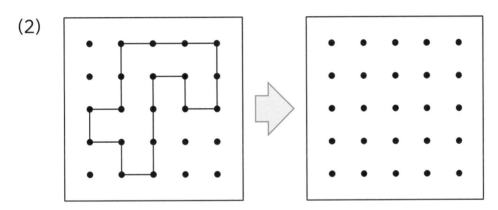

(3)

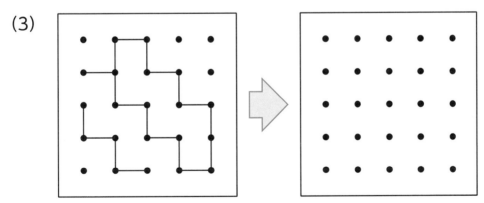

おなじものを　うつす　もんだいだけど　はやく　ていねいに
かけるように　なんども　れんしゅうしよう！

24 積み木

≪トレーニング≫ 次の積み木の数を数えましょう。

(1)

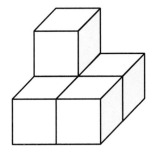

□ 個

(2)

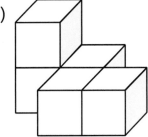

□ 個

(3)

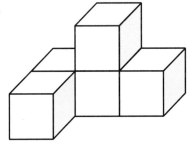

□ 個

(4)

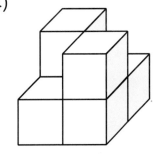

□ 個

つみきは ぜんぶで いくつ あるかな？ むずかしい ときや
わからない ときは カラーキューブ（ブロック）をつかって
おしろを つくって かんがえてみよう！

25 折り紙折り切り

≪準備しよう！≫ 下の紙切り用折り紙をはさみで切って準備しましょう。
（別の折り紙を使っても）

≪ステップ1≫ 折り紙を折って，斜線部分を切りましょう。

≪ステップ2≫ 切った後，もとの形に戻して，
形を解答欄にかいてみましょう。

(1)
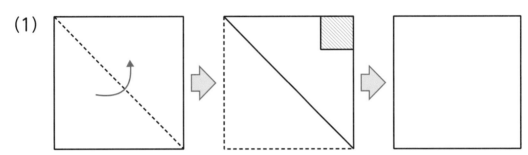

(2)
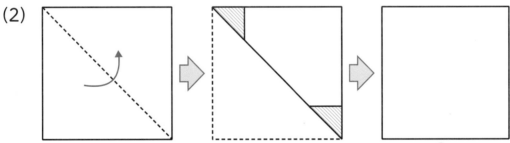

あたまの　なかだけで　かんがえると　かしこくなるよ！
そして　おりがみを　つかって　かくにんしてみよう！

26 さいころを転がそう

≪準備しよう！≫　下のさいころをはさみで切って準備しましょう。

≪ステップ1≫　図のような向きに合わせて，さいころをおきましょう。

≪ステップ2≫　さいころが斜線の位置にくるように，転がしてみましょう。

≪ステップ3≫　斜線の位置にきたときに，上にある面の数字を答えましょう。

(1)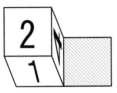

(2)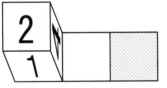

(3)

あたまの　なかだけで　さいころが　うごくように　さくせんを　かんがえよう！　むずかしい　もんだいを　かんがえると　かしこくなるよ！

27 転写でパワーアップ！

≪トレーニング≫ 左のお手本の通りに，右の図へかきましょう。

(1)

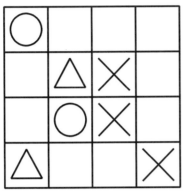

(2)

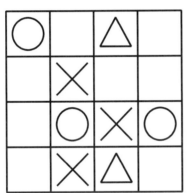 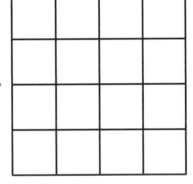

(3)

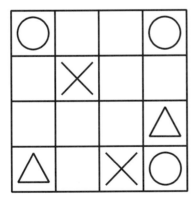 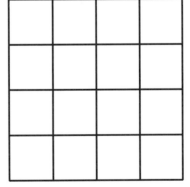

おなじものを　うつす　もんだいだけど　はやく　ていねいに
かけるように　なんども　れんしゅうしよう！

28 点描写でパワーアップ！

≪トレーニング≫ 左のお手本の通りに，右の図へかきましょう。

(1)

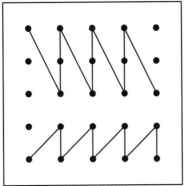 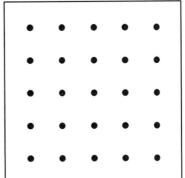

(2)

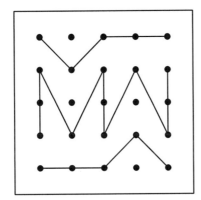 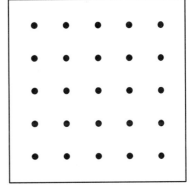

(3)

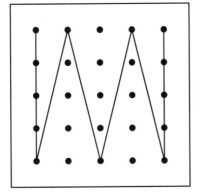 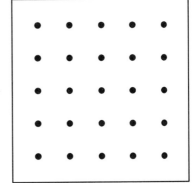

おなじものを　うつす　もんだいだけど　はやく　ていねいに
かけるように　なんども　れんしゅうしよう！

29 積み木

≪トレーニング≫ 次の積み木の数を数えましょう。

(1)
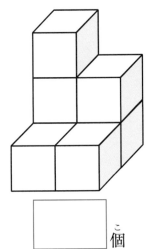

|　　　| 個

(2)
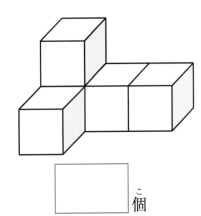

|　　　| 個

(3)
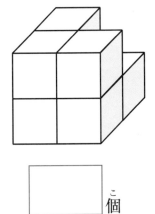

|　　　| 個

(4)
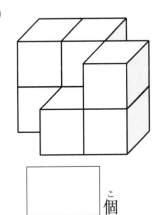

|　　　| 個

つみきは　ぜんぶで　いくつ　あるかな？　むずかしい　ときや
わからない　ときは　カラーキューブ（ブロック）をつかって
おしろを　つくって　かんがえてみよう！

30 積み木

≪トレーニング≫ 次の積み木の数を数えましょう。

(1)

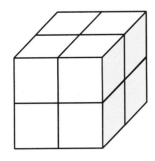

☐ 個

(2)

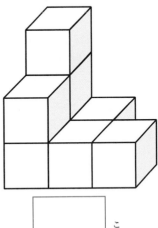

☐ 個

(3)

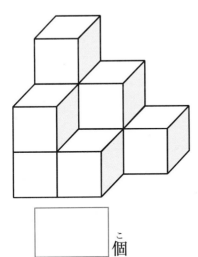

☐ 個

(4)

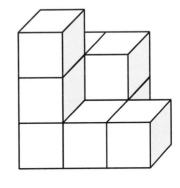

☐ 個

つみきは ぜんぶで いくつ あるかな？ むずかしい ときや
わからない ときは カラーキューブ（ブロック）をつかって
おしろを つくって かんがえてみよう！

31 折り紙折り切り

≪準備しよう！≫ 下の紙切り用折り紙をはさみで切って準備しましょう。
（別の折り紙を使っても）

≪ステップ1≫ 折り紙を折って，斜線部分を切りましょう。

≪ステップ2≫ 切った後，もとの形に戻して，
形を解答欄にかいてみましょう。

(1)

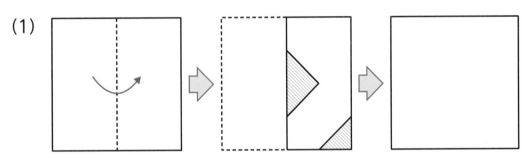

(2)

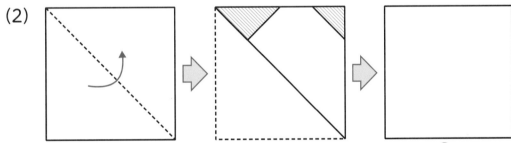

あたまの　なかだけで　かんがえると　かしこくなるよ！
そして　おりがみを　つかって　かくにんしてみよう！

32 さいころを転がそう

≪準備しよう！≫ 下のさいころをはさみで切って準備しましょう。

≪ステップ1≫ 図のような向きに合わせて，さいころをおきましょう。

≪ステップ2≫ さいころが斜線の位置にくるように，転がしてみましょう。

≪ステップ3≫ 斜線の位置にきたときに，上の面の数を答えましょう。

(1)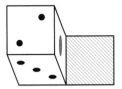

(2)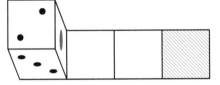

(3)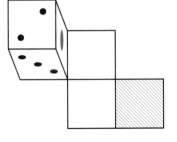

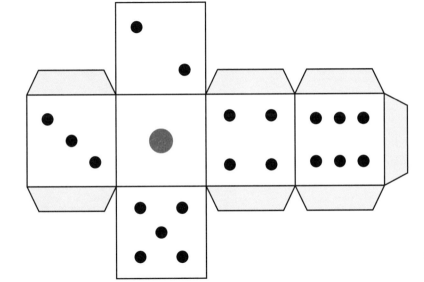

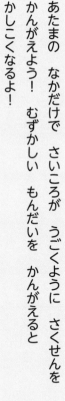

あたまの なかだけで さいころが うごくように さくせんを かんがえよう！ むずかしい もんだいを かんがえると かしこくなるよ！

33 転写でパワーアップ！

≪トレーニング≫ 左のお手本の通りに，右の図へかきましょう。

(1)

○	△	○	✕
✕	○	△	✕
△	✕	△	○
✕	△	○	△

➡

(2)

○	✕	△	○
✕	△	△	✕
○	✕	✕	○
△	○	○	✕

➡

(3)

○	✕	△	○
✕	○	✕	△
○	✕	△	○
△	○	✕	△

➡

おなじものを　うつす　もんだいだけど　はやく　ていねいに
かけるように　なんども　れんしゅうしよう！

34 点描写でパワーアップ！

≪トレーニング≫ 左のお手本の通りに，右の図へかきましょう。

(1)

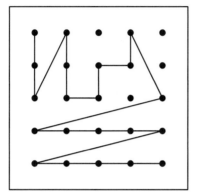 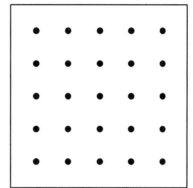

(2)

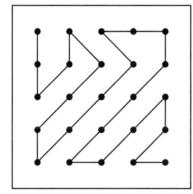 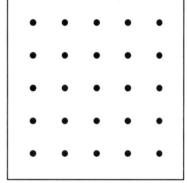

(3)

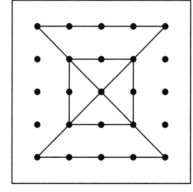 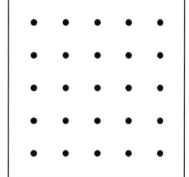

おなじものを　うつす　もんだいだけど　はやく　ていねいに
かけるように　なんども　れんしゅうしよう！

35 積み木

≪トレーニング≫ 次の積み木の数を数えましょう。

(1)

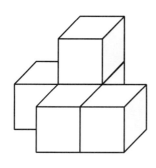

□ 個

(2)

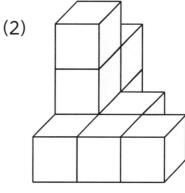

□ 個

(3)

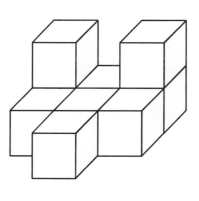

□ 個

(4)

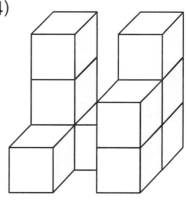

□ 個

つみきは ぜんぶで いくつ あるかな？ むずかしい ときや わからない ときは カラーキューブ（ブロック）をつかって おしろを つくって かんがえてみよう！

36 積み木

≪トレーニング≫　次の積み木の数を数えましょう。

(1)

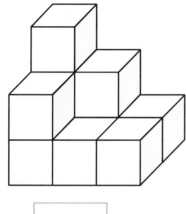

□ 個

(2)

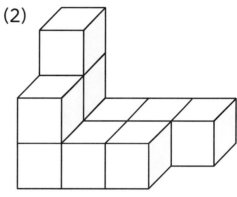

□ 個

(3)

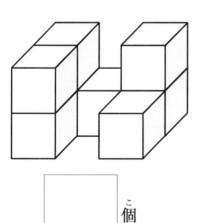

□ 個

(4)

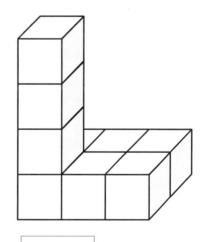

□ 個

つみきは　ぜんぶで　いくつ　あるかな？　むずかしい　ときや
わからない　ときは　カラーキューブ（ブロック）をつかって
おしろを　つくって　かんがえてみよう！

37 折り紙折り切り

≪準備しよう！≫ 下の紙切り用折り紙をはさみで切って準備しましょう。
（別の折り紙を使っても）

≪ステップ1≫ 折り紙を折って，斜線部分を切りましょう。

≪ステップ2≫ 切った後，もとの形に戻して，
形を解答欄にかいてみましょう。

(1)

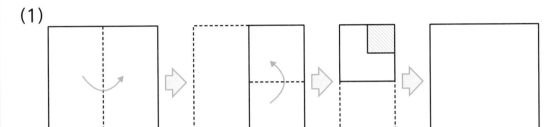

(2)

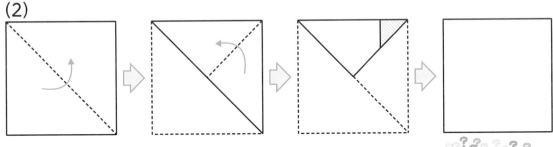

あたまの　なかだけで　かんがえると　かしこくなるよ！
そして　おりがみを　つかって　かくにんしてみよう！

38 さいころを転がそう

≪準備しよう！≫ 下のさいころをはさみで切って準備しましょう。

≪ステップ1≫ 図のような向きに合わせて，さいころをおきましょう。

≪ステップ2≫ さいころが斜線の位置にくるように，転がしてみましょう。

≪ステップ3≫ 斜線の位置にきたときに，上の面の数を答えましょう。

(1)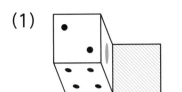

(2)

(3)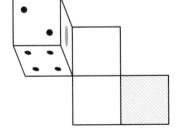

あたまの なかだけで さいころが うごくように さくせんを かんがえよう！ むずかしい もんだいを かんがえると かしこくなるよ！

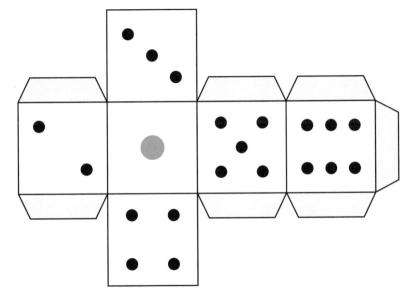

39 転写でパワーアップ！

≪トレーニング≫ 左のお手本の通りに，右の図へかきましょう。

(1)

(2)

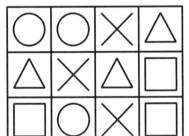

(3)

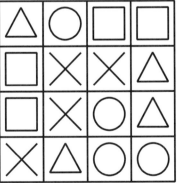 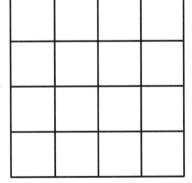

おなじものを　うつす　もんだいだけど　はやく　ていねいに
かけるように　なんども　れんしゅうしよう！

40 点描写でパワーアップ！

≪トレーニング≫ 左のお手本の通りに，右の図へかきましょう。

(1)

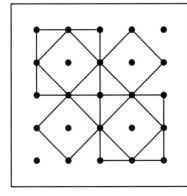 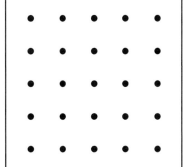

(2)

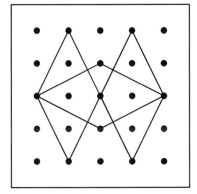 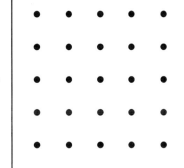

(3)

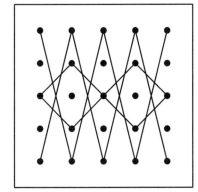 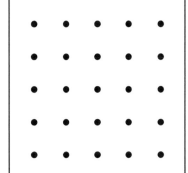

おなじものを　うつす　もんだいだけど　はやく　ていねいに
かけるように　なんども　れんしゅうしよう！

41 積み木

≪トレーニング≫ 次の積み木の数を数えましょう。

(1)

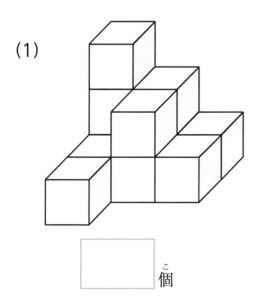

　　　　　個

(2)

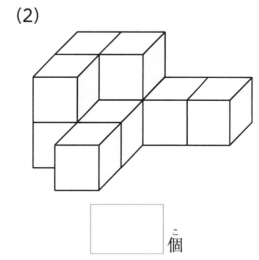

　　　　　個

(3)

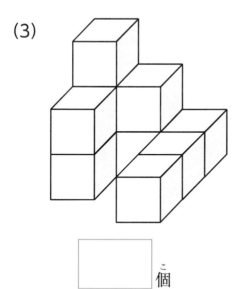

　　　　　個

(4)

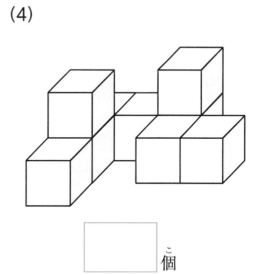

　　　　　個

つみきは　ぜんぶで　いくつ　あるかな？　むずかしい　ときや
わからない　ときは　カラーキューブ（ブロック）をつかって
おしろを　つくって　かんがえてみよう！

42 積み木

≪トレーニング≫ 次の積み木の数を数えましょう。

(1)

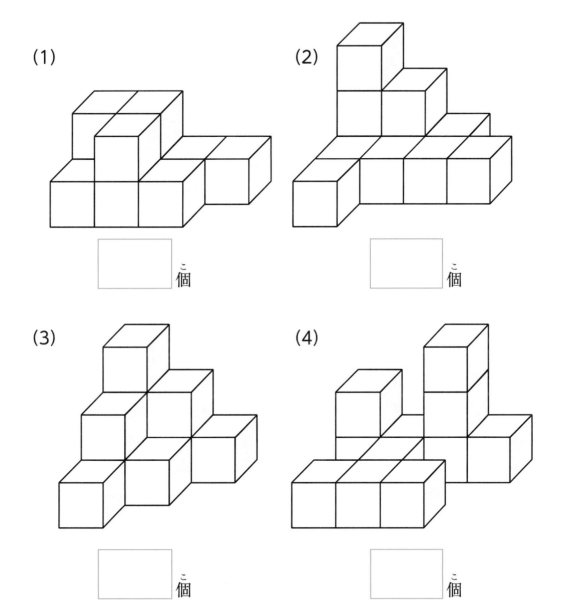

□ 個

(2)

□ 個

(3)

□ 個

(4)

□ 個

つみきは ぜんぶで いくつ あるかな？ むずかしい ときや
わからない ときは カラーキューブ（ブロック）をつかって
おしろを つくって かんがえてみよう！

43 折り紙折り切り

≪準備しよう！≫ 下の紙切り用折り紙をはさみで切って準備しましょう。
（別の折り紙を使っても）

≪ステップ1≫ 折り紙を折って，斜線部分を切りましょう。

≪ステップ2≫ 切った後，もとの形に戻して，
形を解答欄にかいてみましょう。

(1)

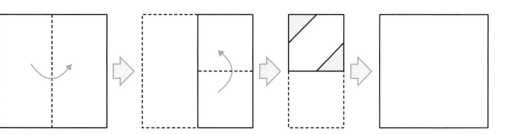

(2)

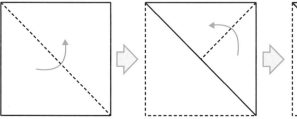
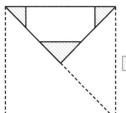

あたまの　なかだけで　かんがえると　かしこくなるよ！
そして　おりがみを　つかって　かくにんしてみよう！

44 さいころを転がそう

≪準備しよう！≫ 2種類のさいころを準備しよう。
　　　　　　　　どちらを使うかはわかりません。

≪ステップ1≫ 図のような向きに合わせて，さいころをおきましょう。

≪ステップ2≫ さいころが斜線の位置にくるように，転がしてみましょう。

≪ステップ3≫ 斜線の位置にきたときに，上の面の数を答えましょう。

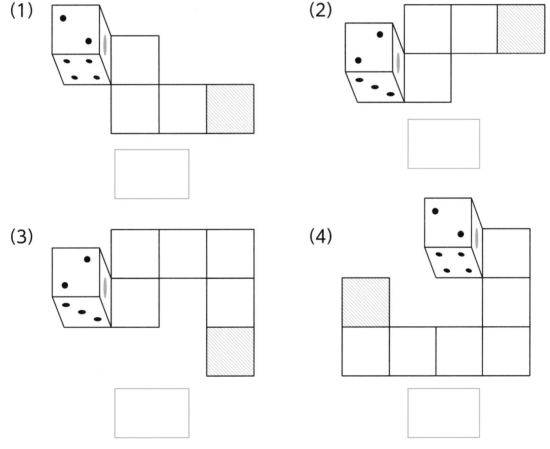

(1)

(2)

(3)

(4)

あたまの　なかだけで　さいころが　うごくように　さくせんを
かんがえよう！　むずかしい　もんだいを　かんがえると
かしこくなるよ！

空間把握 入門　パズル道場検定

1 次の積み木の数を数えましょう。

　（わからない場合は積み木を使って考えましょう。）

(1)

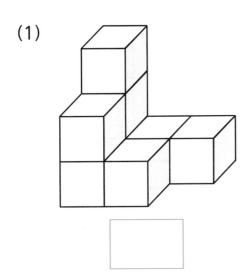

(2)

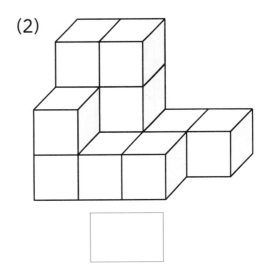

2 正方形の紙を，図のように点線を折り目にして折りました。この紙から斜線部分を切り落として残った部分を広げると，どのような図形になりますか。

　（わからない場合は，折り紙を使って考えましょう。）

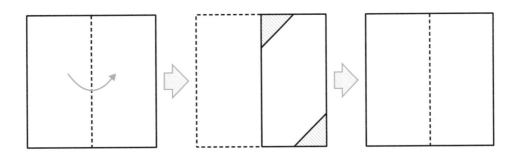

3 向かい合う面の和が７のさいころを，図のような位置から道にそって転がしていくと，斜線の位置ではさいころの上の面の数はいくつですか。
（わからない場合はさいころを使って考えましょう。）

(1)

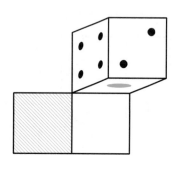

(2)

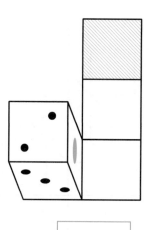

(3)

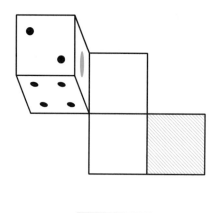

(4)

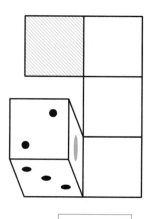

1 ～ **16**　「積み木でお城づくり」りゃく

17　（1）りゃく　　（2）りゃく　　（3）りゃく

18　（1）りゃく　　（2）りゃく　　（3）りゃく

19　（1）4個　　（2）4個　　（3）5個　　（4）5個

20　（1）　　　　　　　　　　　　　　（2）

21　（1）2　　（2）4　　（3）5

22　（1）りゃく　　（2）りゃく　　（3）りゃく

23　（1）りゃく　　（2）りゃく　　（3）りゃく

24　（1）5個　　（2）5個　　（3）5個　　（4）6個

25 （1）　　　　　　　　　　　　　（2）

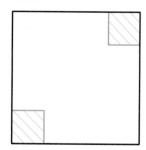
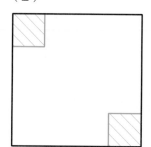

26 （1）3　　（2）5　　（3）4

27 （1）りゃく　　（2）りゃく　　（3）りゃく

28 （1）りゃく　　（2）りゃく　　（3）りゃく

29 （1）7個　　（2）5個　　（3）7個　　（4）7個

30 （1）8個　　（2）8個　　（3）9個　　（4）9個

31 （1）　　　　　　　　　　　　　（2）

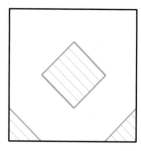
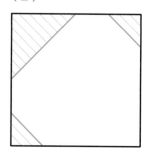

32 （1）6　　（2）1　　（3）5

33 （1）りゃく　　（2）りゃく　　（3）りゃく

34 （1）りゃく　　（2）りゃく　　（3）りゃく

35 （1）5個　　（2）9個　　（3）9個　　（4）10個

36　（1）10個　　（2）10個　　（3）8個　　（4）9個

37　（1）　　　　　　　　　　　　　　　　（2）

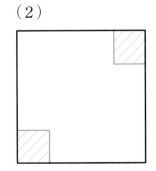

38　（1）6　　（2）5　　（3）5

39　（1）りゃく　　（2）りゃく　　（3）りゃく

40　（1）りゃく　　（2）りゃく　　（3）りゃく

41　（1）11個　　（2）10個　　（3）10個　　（4）9個

42　（1）10個　　（2）11個　　（3）10個　　（4）11個

43　（1）　　　　　　　　　　　　　　　　（2）

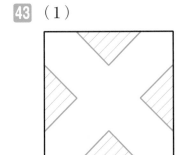
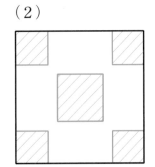

44　（1）4　　（2）4　　（3）3　　（4）3

パズル道場検定

1 （1）8　　（2）12

2

3 （1）3　　（2）1　　（3）5　　（4）2

「パズル道場検定」ができたときは，次ページの天才脳ドリル空間把握入門「認定証」を授与します。おめでとうございます。

☆20

認定証

空間把握 入門

殿
_____

あなたはパズル道場検定におい
て、空間把握コースでの入門に
合格しました。ここにその努力
をたたえ認定証を授与します。

年　月

パズル道場

山下善徳・橋本龍吾